¿QUÉ OCURRIRÍA SI...

EL CUERPO HUMANO

Steve Parker

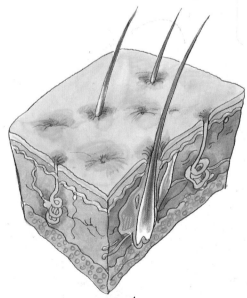

EDITORIAL
MOLINO

EDITORIAL MOLINO

SUMARIO

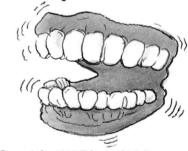

© Copyright by Aladdin Books Ltd.
1997

Dirección
Angela Travis

Diseño de
David West

Diseñador
Simon Morse

Ilustraciones de
Tony Kenyon
B. L. Kearley Ltd.

Traducción
C. Peraire

© Copyright 1997 Editorial Molino
de la versión en lengua castellana.

Publicado en lengua castellana por
EDITORIAL MOLINO
Calabria, 166 - 08015 Barcelona
Septiembre 1997
ISBN: 84-272-3998-X

¿QUÉ OCURRIRÍA SI NO HUBIERA INTRODUCCIÓN?

¡Pues que no estarías leyendo esto! La idea excitante y única que se esconde detrás de los libros *¿Qué ocurriría si...?* es contemplar las cosas desde un punto de vista nuevo. En vez de limitarnos a explicar el mundo que nos rodea y nuestro interior, tal como lo conocemos, lo hacemos más interesante preguntando: *¿Qué ocurriría si las cosas fuesen distintas?*

Tu cuerpo es una estructura increíblemente compleja formada por millones de elementos llamados células. Las células se unen para formar tejidos, y varios tejidos distintos se unen para formar órganos.

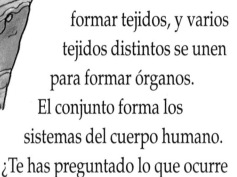

El conjunto forma los sistemas del cuerpo humano.

¿Te has preguntado lo que ocurre debajo de tu piel o en el interior de tu estómago? El libro *¿Qué ocurriría si el cuerpo humano...?* describe cómo es tu cuerpo por dentro y cómo funciona. Muestra sus partes internas, cómo encajan unas con otras y lo que hacen. Explica cómo respiras, te mueves, comes y creces. Te enseña cómo puedes mantener tu cuerpo limpio y sano, y a prevenir las enfermedades. Y lo hace de un modo sencillo, fácil de leer y recordar, preguntándote *¡qué sucedería si las cosas fuesen distintas!*

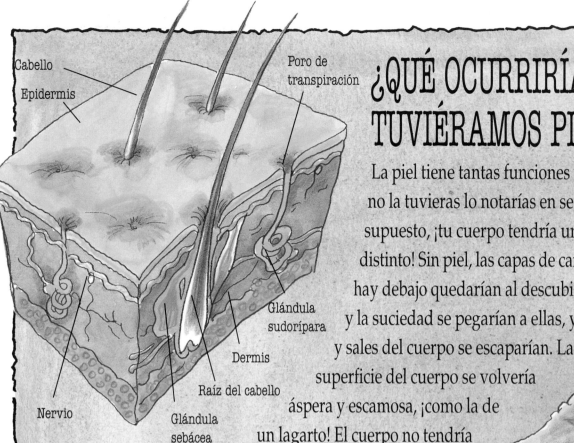

Cabello

Epidermis

Poro de transpiración

Glándula sudorípara

Dermis

Raíz del cabello

Nervio

Glándula sebácea

¿QUÉ OCURRIRÍA SI NO TUVIÉRAMOS PIEL?

La piel tiene tantas funciones vitales que si no la tuvieras lo notarías en seguida y, por supuesto, ¡tu cuerpo tendría un aspecto muy distinto! Sin piel, las capas de carne y grasa que hay debajo quedarían al descubierto. El polvo y la suciedad se pegarían a ellas, y los líquidos y sales del cuerpo se escaparían. La superficie del cuerpo se volvería áspera y escamosa, ¡como la de un lagarto! El cuerpo no tendría protección contra los roces y golpes. También quedaría expuesto al aire frío y al calor del sol, ¡de modo que te helarías o te asarías!

Por término medio la piel tiene de 1 a 2 milímetros de espesor. La capa superior, la epidermis, resiste el desgaste y se regenera por sí sola. Debajo está la dermis, más gruesa.

¡No te gustaría tener la piel más gruesa...

La piel más gruesa te protegería y aislaría mejor. Pero sería una piel con más pliegues y arrugas, de modo que podrías parecerte a los elefantes y a los rinocerontes! Nuestra piel también pesaría más de lo acostumbrado, de modo que llevarías puesto un abrigo de cuero muy pesado incluso en la cama!

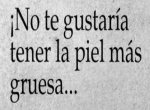

... ni más fina!

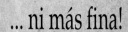

La piel fina podría parecer más lisa y suave pero protegería menos el cuerpo contra el excesivo calor o frío. ¡Incluso un pequeño golpe podría ocasionarnos grandes cortes y cardenales!

Un cuerpo sin piel dejaría al descubierto los músculos, los vasos sanguíneos y la grasa.

¿Por qué nos bronceamos?

La piel expuesta mucho rato a la luz del sol adquiere una tonalidad oscura debido a una sustancia, el pigmento «melanina». Oscurece la piel expuesta a la luz UV y la vuelve morena. A este proceso lo llamamos bronceado. Los rayos ultravioleta (UV) de la luz del sol pueden dañar a los seres vivos. Si se expone la piel demasiado tiempo seguido al sol, enrojece y se quema.

¿Necesita nuestra piel sus aceites naturales?

¡Sí! La piel tiene una mezcla de aceites o grasas naturales llamada «sebo», producida por las diminutas glándulas sebáceas debajo de la superficie. El sebo puede causar manchas a veces, pero principalmente es útil. Hace la piel más suave, más ligera y más resistente al agua. En caso contrario, se cuartearía como una bota vieja y se empaparía de agua como un cartón.

¿Por qué envejece la piel?

A medida que transcurren los años, ciertas fibras de la dermis se rompen. Entonces la piel pierde su tersura, su textura elástica y empiezan a aparecer surcos y arrugas.

¡Qué calor me da el collar!

El cuerpo, si no sudara, sufriría un aumento de temperatura, o sea un golpe de calor. Se suda para perder el exceso de calor. En tiempo muy caluroso o si los músculos realizan gran actividad, los tres millones de diminutas glándulas sudoríparas hacen que el sudor (la transpiración) salga a la superficie. Cuando el sudor se seca, disminuye la temperatura del cuerpo. Los vasos sanguíneos también se dilatan y pierden el calor extra que te acalora y te hace enrojecer. Sin embargo, los perros apenas sudan. Pierden el exceso de calor a través de la lengua y de la respiración: ¡jadean!

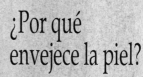

¿Y QUÉ OCURRIRÍA SI NO TUVIÉRAMOS MÚSCULOS?

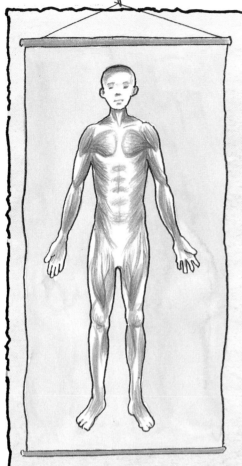

No podrías decirle a nadie que careces de músculos puesto que no podrías hablar, ni mover la cabeza, ni los brazos ni las piernas. De hecho, no podrías hacer movimiento alguno. Los músculos ejecutan todas las acciones y movimientos del cuerpo, desde saltar y levantar pesos pesados hasta sonreír y parpadear. Estos movimientos incluyen la respiración con los músculos del pecho y los latidos del corazón (gracias a los músculos que forman sus paredes). De manera que un cuerpo sin músculos estaría quieto e inmóvil y muy pronto sin vida.

Cientos de músculos

El cuerpo tiene tres tipos principales de músculos. Los que solemos considerar músculos propiamente dichos, son músculos que recubren la estructura del esqueleto como se muestra en la ilustración superior. Hay más de 600 de estos músculos por todo el cuerpo que mueven dos quintos del peso total del individuo. Los otros dos tipos son los músculos viscerales, que se encuentran más en el interior, como en el estómago e intestinos, y el músculo cardiaco que se encuentra sólo en el corazón.

¿Y si fuéramos más fuertes?

Casi todos podemos mejorar nuestra fuerza muscular con mucho ejercicio y alimentos nutritivos. Pero los músculos humanos tienen un límite de fuerza. Nuestro primo hermano, el gorila, tiene los mismos músculos que nosotros, pero muchos de ellos son más grandes y más fuertes. Un gorila macho y adulto tiene más fuerza que diez niños de diez años.

Sin el músculo orbicular de los párpados: no parpadearíamos.

Sin el músculo orbicular de los labios: no hablaríamos.

Sin los músculos intercostales (entre las costillas): no respiraríamos.

Sin el músculo cardiaco (el corazón): no viviríamos.

Dos músculos doblan y extienden el codo. Mientras uno se contrae, se acorta y lo dobla por el centro, el otro relaja y estira.

El triceps tira del hueso del antebrazo.

Los biceps doblan el hueso del antebrazo.

¿Nuestros músculos pueden tirar y empujar?

Un músculo únicamente puede acortarse o contraerse y tirar del hueso al que está sujeto. No puede empujar como los pistones de una excavadora, de modo que muchos músculos trabajan por pares opuestos. Uno tira de una parte del cuerpo en un sentido, y el otro lo vuelve a la posición inicial. Si los músculos también pudieran empujar necesitaríamos menos y serían más delgados y ligeros.

Mover un músculo

Los músculos del esqueleto están bajo el control consciente del cerebro. Tú les ordenas que se muevan. Las señales nerviosas parten del cerebro por los nervios llamados motores, hacia las diminutas miofibras que componen cada músculo. Las señales llegan a las fibras musculares y hacen que se contraigan. Si los músculos actuasen según su voluntad, los movimientos del cuerpor serían descompasados y sin coordinación. ¡Serían un auténtico desastre!

Señales nerviosas

Nervio motor

Unión nervio-músculo.

Fibra que contrae el músculo.

¿Necesitamos un músculo tan pequeño?

¡Sí! El estapedio está unido al estribo, hueso del oído, que transmite las vibraciones sonoras al oído interno. Con ruidos fuertes, el estapedio se contrae para amortiguarlos y proteger el delicado oído interno. ¿Qué decías?

¿QUÉ OCURRIRÍA SI NO TUVIÉRAMOS HUESOS?

¡Tu cuerpo se derrumbaría como un montón de gelatina fofa! Los huesos son duros y resistentes, y en el esqueleto tenemos 206. Forman el armazón interior que sostiene el cuerpo. Soportan las partes blandas, como los músculos, nervios y vasos sanguíneos. Los huesos también protegen las partes internas delicadas, como el cerebro, el corazón y los pulmones. Los animales sin esqueleto o concha, como babosas y gusanos, no pueden crecer mucho o se espachurrarían.

¿Para que sirven las articulaciones?

Sin articulaciones, estarías totalmente rígido y envarado. No podrías andar ni hablar, ni hacer ningún movimiento, excepto girar los ojos para mirar a tu alrededor ¡y luego caerte! Los huesos son rígidos, pero la mayoría de ellos están unidos por articulaciones para que puedan moverse en relación unos con otros. La capacidad de movimiento depende del diseño de las articulaciones. En la columna vertebral, muñecas y tobillos, los movimientos pequeños entre varios huesos se combinan para crear una gran flexibilidad global.

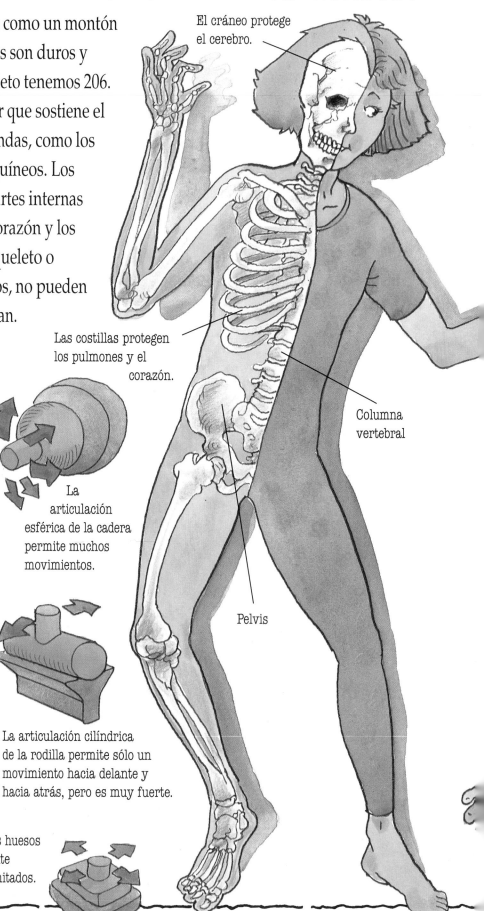

El cráneo protege el cerebro.

Las costillas protegen los pulmones y el corazón.

La articulación esférica de la cadera permite muchos movimientos.

Columna vertebral

Pelvis

La articulación cilíndrica de la rodilla permite sólo un movimiento hacia delante y hacia atrás, pero es muy fuerte.

La articulación deslizante de los huesos del tobillo permite movimientos limitados.

¿Los huesos pueden estar fuera del cuerpo?

¡Sí! Los animales, como por ejemplo los insectos, cangrejos y arañas, tienen un esqueleto en el exterior, no dentro. El exoesqueleto es un caparazón resistente que envuelve las partes blandas internas. Nos protegería contra los golpes, cortes y otras lesiones, pero comparado con nuestro endoesqueleto que pesa poco, sería tan pesado que no podríamos caminar!

Capa exterior más dura.

Capa más suave y esponjosa del interior del hueso.

La médula ósea fabrica los glóbulos rojos de la sangre a un promedio de ¡más de un millón por segundo!

La médula ósea es gelatinosa.

Un cuerpo sin huesos se derrumbaría formando montones de carne como los que vemos en las carnicerías.

¿Qué es la médula ósea?

La médula ósea produce los microscópicos glóbulos rojos y blancos de la sangre. Los glóbulos rojos transportan el vital oxígeno (que absorben los pulmones al respirar aire) por todo el cuerpo. Los glóbulos blancos luchan contra los gérmenes y la enfermedad. Estas células viven días o semanas. La médula ósea fabrica glóbulos nuevos para reemplazar a los que mueren. Sin médula ósea, el cuerpo palidecería, cogería toda suerte de enfermedades y moriría.

¿Tenemos tantos huesos en el cuello como las jirafas?

¡Pues sí... los tenemos! La mayoría de mamíferos, desde los elefantes y jirafas hasta los humanos, caballos, ratones y musarañas, tienen aproximadamente el mismo número de huesos en su esqueleto. Pero los huesos de cada especie son de distintas formas y tamaños. Tú tienes siete huesos en el cuello que se llaman vértebras cervicales. La jirafa también, pero naturalmente... ¡los suyos son mucho más largos!

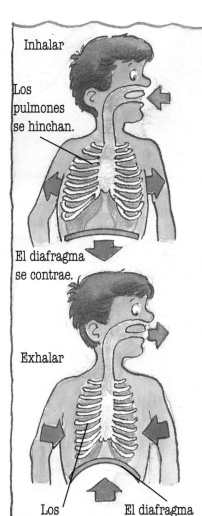

Inhalar

Los pulmones se hinchan.

El diafragma se contrae.

Exhalar

Los pulmones se deshinchan.

El diafragma se relaja.

¿QUÉ OCURRIRÍA SI DEJÁRAMOS DE RESPIRAR?

Durante unos segundos, eso no tiene importancia. La gente contiene la respiración para nadar bajo el agua. Pero durante más de un minuto o dos es peligroso, puesto que el cuerpo necesita oxígeno para vivir. Los pulmones respiran aire, absorben el oxígeno que hay en él y lo pasan a la sangre, y ésta lo reparte a todas las partes del cuerpo. No respirar significa falta de oxígeno y, cuando esto sucede, ¡no duras mucho!

Entra aire

Tráquea

Pulmones

Costillas

Diafragma

Corazón

¿Una sirena podría vivir bajo el agua?

No. ¡Se ahogaría! La sirena tiene la parte superior del cuerpo de mujer, de manera que necesita que el oxígeno del aire entre en sus pulmones. (¡Suponiendo que creas en las sirenas!)

¿Cómo permanecen vivos los peces?

Los peces no tienen pulmones como nosotros. Un pez tiene branquias a ambos lados de su cabeza. Parecen plumas rojizas llenas de sangre. Las branquias realizan el mismo trabajo que nuestros pulmones: absorben oxígeno, pero están preparadas para absorber el oxígeno que está disuelto en el agua, no el oxígeno gaseoso del aire.

El sistema respiratorio introduce el oxígeno del aire en el cuerpo.

El agua pobre en oxígeno se expulsa a través de las branquias.

Las branquias están bajo los opérculos.

El agua que contiene oxígeno penetra por la boca.

Nadando con los delfines

Si fuésemos como los delfines podríamos soplar con muchísima fuerza, pero también ¡tendríamos la nariz encima de la cabeza! Los delfines y las ballenas son mamíferos, por eso tienen pulmones para respirar aire como nosotros. Tienen que salir a la superficie con regularidad en busca de aire fresco.

Aventador

Boca

El orificio nasal de los delfines está en su cabeza y se llama aventador. Para respirar sólo tiene que asomar a la superficie ese orificio.

¿Podríamos respirar como los insectos?

No. ¡Necesitaríamos tener muchos agujeros a ambos lados de nuestro cuerpo! Los insectos tienen estos agujeros en vez de pulmones. Se llaman espiráculos. Dan paso a un sistema de tubos huecos y anchos, la tráquea. El aire fresco penetra a través de ellos y y el viciado se expele.

Espiráculos

¿Qué es lo que tiene muchas páginas en blanco?

¡Los pulmones de librillo! No tienen nada escrito, pero sí páginas, muchas láminas finas en una zona de gran superficie. Esas páginas aprovechan al máximo el área disponible para absorber el oxígeno del aire.

Un grupo de animales que tiene esos pulmones son las arañas. Sus pulmones de librillo se hallan situados en la parte posterior de su cuerpo, en el lugar más protegido.

Las criaturas microscópicas del agua, como la ameba, absorben el oxígeno a través de toda la superficie de su cuerpo.

¿QUÉ OCURRIRÍA SI TU CORAZÓN DEJARA DE LATIR?

1 Las aurículas aspiran la sangre hacia el corazón.

2 Pasa a través de las válvulas a los ventrículos.

3 Las paredes musculares del ventrículo se contraen.

4 La sangre sale por la aorta y empieza un nuevo latido.

¿Para qué sirve una válvula?

Las válvulas en el corazón y en las venas principales hacen que la sangre se mueva únicamente en la dirección correcta. Sin ellas, la sangre iría atrás y adelante, y la sangre fresca no llegaría a todas las partes del cuerpo.

¡No estarías ahí sentado! Si a alguien se le para el corazón necesita asistencia médica urgente. Sin los latidos del corazón que bombea la sangre a través de nuestros vasos sanguíneos, la sangre no circularía por el cuerpo. De modo que los órganos vitales no recibirían el suministro de oxígeno y la energía de los nutrientes que la sangre les aporta. El cerebro, en particular, es muy sensible y, sin oxígeno, se daña en pocos minutos.

Bomba de plástico
Un corazón artificial está hecho de plástico y metal. Funciona por aire a presión.

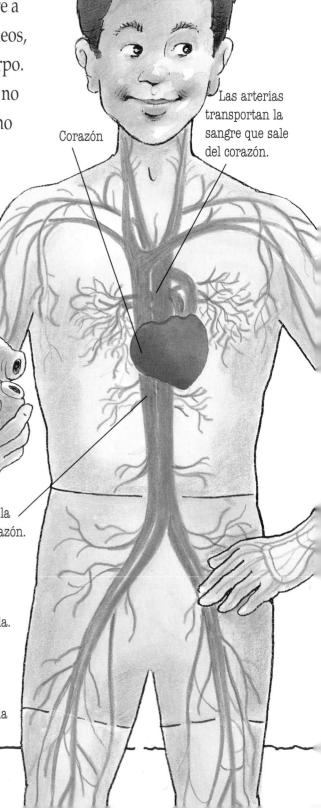

Las arterias transportan la sangre que sale del corazón.

Corazón

Las venas transportan la sangre de vuelta al corazón.

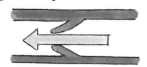

La presión aquí cierra la válvula.

La presión normal abre la válvula

¿Nuestro corazón late tan deprisa como el de un ratón?

Nos sentiríamos muy raros si así fuera. Nuestro ritmo cardiaco normal (pulso) es de 60-80 latidos por minuto. ¡El del ratón es de 500 o más! Esto es muy normal. Los animales pequeños tienen corazones pequeños que laten más deprisa porque utilizan la energía con más rápidez. El ritmo cardiaco de un elefante es de sólo 20-25 latidos por minuto, y el de la ballena azul no llega a 10!

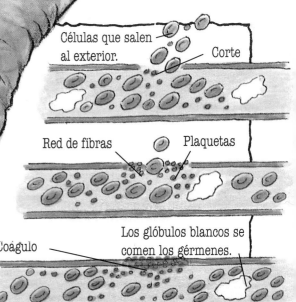

Células que salen al exterior.
Corte
Red de fibras
Plaquetas
Coágulo
Los glóbulos blancos se comen los gérmenes.

Coágulos inteligentes

Si nuestra sangre no coagulara, continuaría manando de un corte o herida mucho tiempo. A través de un corte grande puede perderse mucha sangre y correr el riesgo de ¡morir desangrado! La sangre se coagula para sellar una herida, para que empiece a cicatrizar, evitar la perdida de sangre e impedir que penetren los gérmenes (microbios). Unas sustancias de la sangre se combinan con unas células microscópicas llamadas plaquetas, para formar una red de fibras diminutas, que atrapan más células y forman un coágulo pegajoso para que cese la hemorragia.

¿La sangre puede ser verde?

¡Y si tuvieras dos pinzas y ojos en los extremos de unas antenas, serías una langosta! No todos los animales tienen la sangre roja. La de algunos caracoles es azul y la de ciertos gusanos es amarilla. El color rojo de la sangre es debido a una substancia llamada hemoglobina que se encuentra en los glóbulos rojos de la sangre. El oxígeno de los pulmones se pega a la hemoglobina para ser transportado a todas las partes del cuerpo.

Dar sangre

Si perdieras mucha sangre necesitarías una transfusión. Esto significa recibir sangre fresca que han donado otras personas en pequeñas cantidades y que se conserva en frío. Un cuerpo sano debe contener de 4 a 5 litros de sangre.

¿QUÉ OCURRIRÍA SI NO TUVIÉRAMOS NARIZ NI BOCA?

La mosca prueba la comida con sus patas y la sorbe con la trompa o probóscide de su boca.

No podrías molestar a los demás, husmeando o hablando demasiado. Pero tampoco podrías oler aromas agradables ni probar comidas deliciosas. En realidad no podrías comer ni siquiera respirar puesto que la nariz y la boca son las puertas por donde entra el aire a los pulmones. La nariz está diseñada para aspirar el aire, calentarlo, humedecerlo y limpiarlo de polvo con sus pelos.

Las funciones de la boca son morder, masticar y tragar los alimentos.

Los incisivos cortan los alimentos como cinceles.

Los caninos desgarran como lanzas.

Los premolares y molares machacan y muelen los alimentos como una prensa o trituradora.

Amargo

Ácido

Salado

¡La serpiente huele con la lengua!

Dentadura postiza
Algunas personas pierden sus dientes por caries o por lesiones. El dentista fabrica dentaduras y dientes artificiales que encajan sobre las encías.

¡Un buen cepillado!
Si no nos cepillamos los dientes, la comida y los gérmenes pueden pegarse a ellos y agujerearlos, al convertirse en ácidos que acaban con el esmalte duro que recubre cada diente y la parte interna más blanda. En el diente aparecen agujeros, las caries, ¡y te dolerán mucho!

Corona

Cavidad

Esmalte

Dentina

Encía

Raíz

Los nervios detectan la presión y el dolor.

Maxilar

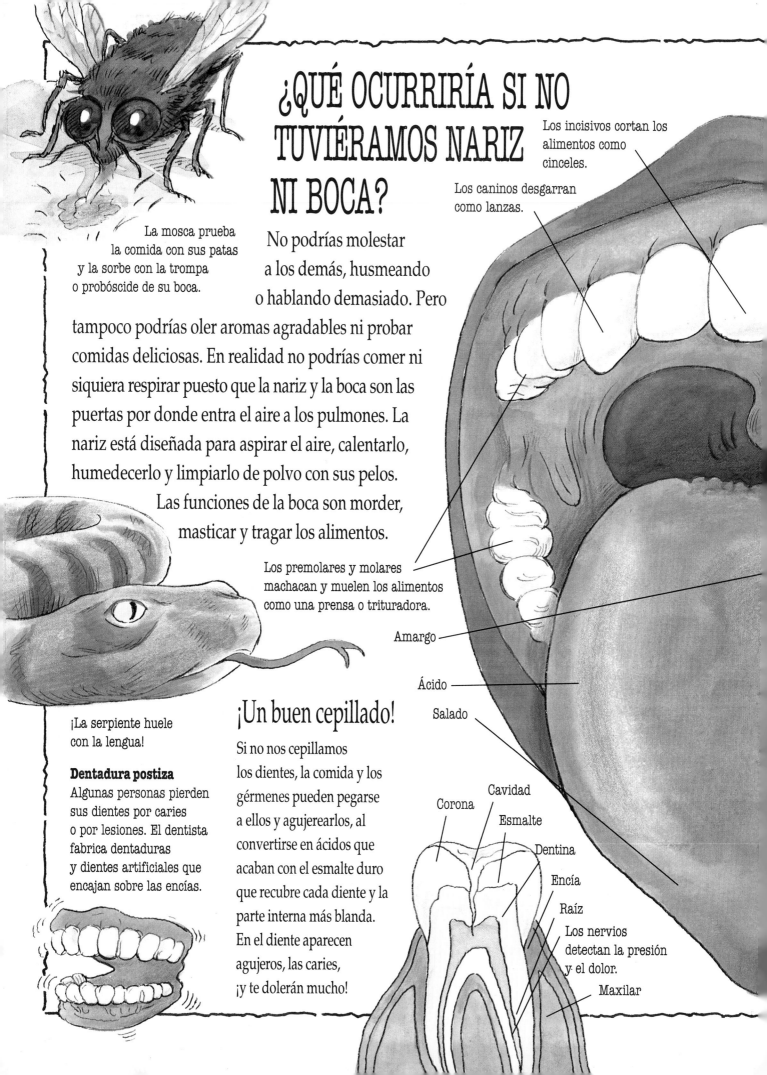

El dulce aroma de...

Si careciésemos del sentido del olfato, no tendríamos que oler cosas desagradables, como el humo del tráfico, el agua estancada de un estanque contaminado o una persona sucia. Pero piensa en todos los olores deliciosos que nos perderíamos, como los perfumes, flores y comidas. Tampoco podríamos detectar si los alimentos huelen mal, como la carne en mal estado. Los malos olores nos proporcionan información importante. Un perro tiene mejor sentido del olfato que nosotros y, con sólo olfatear un lugar o un objeto, sabe decirnos ¡si lo ha tocado una persona determinada!

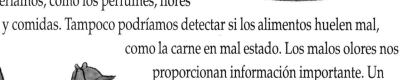

¡Cómo cuesta tragar!

La saliva es una sustancia acuosa que segregan seis glándulas pequeñas alrededor de tu rostro. La saliva acude a tu boca cuando comes para humedecer la comida, ablandarla y facilitar el que puedas masticarla y tragarla. La saliva también contiene sustancias químicas naturales llamadas enzimas, que inician la digestión de los alimentos. Si no tuvieras saliva, la comida estaría seca y dura para masticarla. ¿Cómo te las arreglarías para comer bizcochos y galletas?

La superficie de la lengua es rugosa debido a unas pequeñas protuberancias llamadas papilas gustativas.

Dulce

¿Y si no tuviéramos sentido del gusto?

Sin el gusto, los pasteles, helados y patatas fritas ¡no sabrían a nada! Los sabores son detectados por grupos de células microscópicas que hay en tu lengua llamadas papilas. Tienes unas 8.000 papilas gustativas que detectan los sabores principales: los dulces en la punta de la lengua, los salados a ambos lados de la parte delantera, los ácidos en los costados de la parte posterior y los amargos detrás.

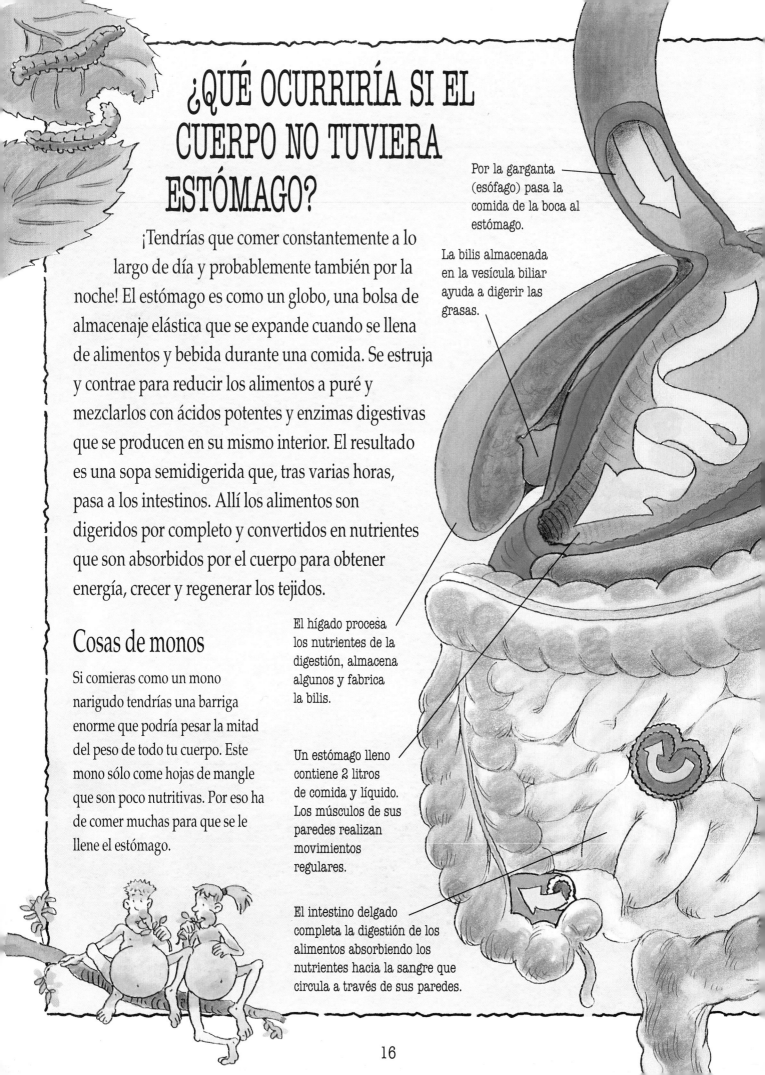

¿QUÉ OCURRIRÍA SI EL CUERPO NO TUVIERA ESTÓMAGO?

¡Tendrías que comer constantemente a lo largo de día y probablemente también por la noche! El estómago es como un globo, una bolsa de almacenaje elástica que se expande cuando se llena de alimentos y bebida durante una comida. Se estruja y contrae para reducir los alimentos a puré y mezclarlos con ácidos potentes y enzimas digestivas que se producen en su mismo interior. El resultado es una sopa semidigerida que, tras varias horas, pasa a los intestinos. Allí los alimentos son digeridos por completo y convertidos en nutrientes que son absorbidos por el cuerpo para obtener energía, crecer y regenerar los tejidos.

Cosas de monos

Si comieras como un mono narigudo tendrías una barriga enorme que podría pesar la mitad del peso de todo tu cuerpo. Este mono sólo come hojas de mangle que son poco nutritivas. Por eso ha de comer muchas para que se le llene el estómago.

Por la garganta (esófago) pasa la comida de la boca al estómago.

La bilis almacenada en la vesícula biliar ayuda a digerir las grasas.

El hígado procesa los nutrientes de la digestión, almacena algunos y fabrica la bilis.

Un estómago lleno contiene 2 litros de comida y líquido. Los músculos de sus paredes realizan movimientos regulares.

El intestino delgado completa la digestión de los alimentos absorbiendo los nutrientes hacia la sangre que circula a través de sus paredes.

¿Y si no tuviéramos riñones?

Te ahorrarías varios minutos al no tener que hacer pipí. Sin embargo, los riñones son esenciales puesto que filtran las sustancias no deseadas en la sangre y las transforman en orina líquida. La vejiga almacena esta orina hasta que tú tengas ocasión de librarte de ella orinando. Si los riñones no estuvieran ahí para hacer su trabajo, las sustancias de deshecho invadirían la sangre y al cabo de unas horas intoxicarían el cuerpo.

Riñón derecho
Riñón izquierdo
Vejiga
Conducto que va al exterior (uretra).

El bazo almacena los nutrientes y los glóbulos blancos que combaten las enfermedades, y recicla parte de la sangre.

El páncreas produce jugos llamados enzimas que atacan los alimentos.

Nuestro ciclo del agua

Durante la digestión, se añade mucha agua al alimento con los jugos gástricos y enzimas. El intestino grueso devuelve la mayor parte a la sangre. ¡De lo contrario tendrías que beber diez veces más!

¡Lo que el viento se llevó!

La digestión es un proceso químico. Como muchas otras reacciones químicas, produce gases. Esas burbujas recorren el estómago e intestinos y, de vez en cuando, salen por la boca o por el otro extremo. Es algo natural, pero tú puedes controlar la salida de esos gases para que no hagan ruido.

Si estirásemos los intestinos...

Si tus intestinos no estuviesen recogidos, tendrían unos diez metros y serían delgadísimos. El intestino delgado tiene unos siete metros de largo y el intestino grueso cerca de un metro y medio. Están en el interior del cuerpo humano enrollados en el abdomen.

El intestino grueso absorbe el agua y los minerales de los alimentos indigestos y los transforma en heces (caca).

¿QUÉ OCURRIRÍA SI SÓLO COMIÉSEMOS LECHUGA?

El cuerpo humano ha evolucionado hace millones de años. Está diseñado para comer alimentos naturales y variados, especialmente frutas, verduras, frutos secos y carne. En el ajetreado mundo moderno, puede que sólo comamos unos pocos alimentos que han sido preparados, precocinados y envasados, para ahorrar tiempo. Esto puede resultar nocivo. Una amplia variedad de alimentos distintos proporcionan al cuerpo los nutrientes que necesita. De modo que abusar de cualquier alimento, aunque sea una lechuga, puede causar una enfermedad. Comer demasiado te hace aumentar de peso y ser más propenso a las enfermedades del corazón, de la circulación de la sangre, vasos sanguíneos, dolor de las articulaciones y otros problemas.

La bella durmiente

Si no durmieras, durarías sólo un par de días antes de sentir dolor de cabeza, aturdimiento, malestar, confusión y otros problemas. Todos los recién nacidos necesitan dormir 20 horas de las 24 y sólo 7 u 8 la mayoría de adultos. El factor más importante es darse cuenta de las señales de advertencia y dormir todo lo que necesitas.

¡Desnudos!

Si el tiempo fuese muy cálido, al cuerpo no le importaría no llevar ropa, pero sí les importaría a otros. De todas formas, si hace frío, necesitas taparte para no temblar. Los humanos no tenemos una piel peluda que nos cubra como la mayoría de mamíferos, de modo que el cuerpo no podría mantener su temperatura natural. Poco a poco sufriría hipotermia y moriría.

No fumar

Los alquitranes del humo del tabaco destruyen los pulmones y causan problemas respiratorios y enfermedades. El fumar también produce cáncer de boca, garganta y pulmones, que pueden ser mortales.

¿Y SI NO TUVIÉRAMOS LINFA?

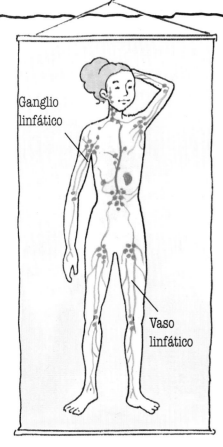

Ganglio linfático

Vaso linfático

La linfa, limpia y filtrada, vuelve a la sangre.

La linfa viene de las células del cuerpo y del tejido muscular.

Sufriríamos muchas enfermedades. La linfa es un líquido pálido que fluye por el cuerpo a través de unos tubos (vasos linfáticos) y pasa a través de unos filtros llamados ganglios. El más pequeño es como un grano de arroz y el más grande es como una nuez. Están llenos de glóbulos blancos que limpian la linfa y matan los gérmenes que invaden el cuerpo.

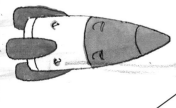

Los gérmenes son atacados y destruidos por el cohete anticuerpo.

Algunos glóbulos blancos disparan cohetes espaciales (agentes químicos llamados anticuerpos) para destruir los gérmenes.

Algunos glóbulos blancos engullen y tragan los gérmenes.

¿Qué hacen los glóbulos blancos?

El cuerpo sufre el ataque constante de los gérmenes que flotan en el aire, en los alimentos y bebidas contaminadas, el polvo y la suciedad que pueden penetrar a través de una herida. Los glóbulos blancos circulan por el cuerpo matando y devorando gérmenes y defendiéndonos constantemente del ataque.

Una buena limpieza

Si no te lavaras, la suciedad y los gérmenes se pegarían a tu piel. Olerías mal y te llenarías de manchas. ¡La suciedad también podría llegar a tu comida e intoxicarte!

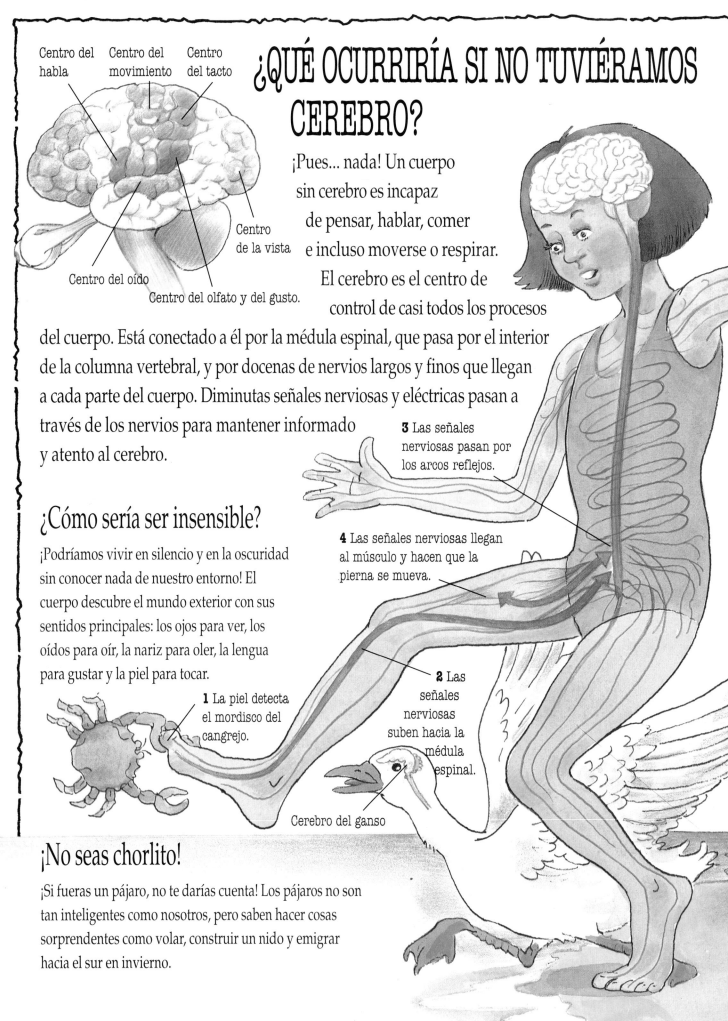

¿QUÉ OCURRIRÍA SI NO TUVIÉRAMOS CEREBRO?

Centro del habla
Centro del movimiento
Centro del tacto
Centro de la vista
Centro del oído
Centro del olfato y del gusto.

¡Pues... nada! Un cuerpo sin cerebro es incapaz de pensar, hablar, comer e incluso moverse o respirar. El cerebro es el centro de control de casi todos los procesos del cuerpo. Está conectado a él por la médula espinal, que pasa por el interior de la columna vertebral, y por docenas de nervios largos y finos que llegan a cada parte del cuerpo. Diminutas señales nerviosas y eléctricas pasan a través de los nervios para mantener informado y atento al cerebro.

¿Cómo sería ser insensible?

¡Podríamos vivir en silencio y en la oscuridad sin conocer nada de nuestro entorno! El cuerpo descubre el mundo exterior con sus sentidos principales: los ojos para ver, los oídos para oír, la nariz para oler, la lengua para gustar y la piel para tocar.

3 Las señales nerviosas pasan por los arcos reflejos.

4 Las señales nerviosas llegan al músculo y hacen que la pierna se mueva.

1 La piel detecta el mordisco del cangrejo.

2 Las señales nerviosas suben hacia la médula espinal.

Cerebro del ganso

¡No seas chorlito!

¡Si fueras un pájaro, no te darías cuenta! Los pájaros no son tan inteligentes como nosotros, pero saben hacer cosas sorprendentes como volar, construir un nido y emigrar hacia el sur en invierno.

¿Nuestros nervios son tan rápidos como los del calamar?

Los diferentes nervios del cuerpo envían señales de 1 a 120 m por segundo. El calamar tiene algunas fibras muy gruesas (unos axones gigantes) que transmiten señales con más rápidez. ¡Con ellos podrías pensar y reaccionar muy deprisa!

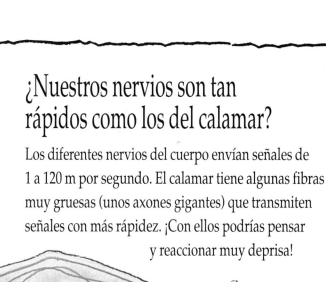

¿Qué tamaño tiene tu cerebro?

La parte principal «pensante» del cerebro tiene una superficie arrugada, llena de pliegues: la corteza cerebral. Una vez planchada tendría la extensión de una funda de almohada y sería igual de fina. ¡Pero hay que doblarla bien para que quepa en el cráneo!

Cuerpo de la neurona

Axón

Dendrita

Sinapsis

¿Se tocan nuestros nervios unos con otros?

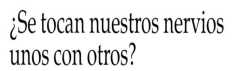

No. Bueno, no mucho. Los nervios son grupos de microscópicas células nerviosas o neuronas. Éstas tienen un cuerpo celular, como un cuerpo de araña con muchos tentáculos (dendritas), y un axón grueso y largo. Las puntas de los tentáculos casi se tocan unas con otras. Las señales nerviosas saltan el diminuto espacio que las separa (sinapsis) mientras avanzan por el cuerpo a gran velocidad. Si las sinapsis fuesen más amplias, las señales nerviosas no podrían saltarlas, el cerebro y el sistema nervioso fallarían y el cuerpo quedaría sin vida.

Cerebro del perro

¿QUÉ OCURRIRÍA SI NO TUVIÉRAMOS OJOS?

No podríamos ver este libro, ni a nuestros profesores, ¡ni la televisión! El ojo detecta los rayos de luz y los convierte en diminutas señales eléctricas, como una videocámara. Las señales van a los centros visuales del cerebro donde son procesadas y reunidas para crear una detallada y colorista visión actual del mundo que nos rodea. Algunas personas no pueden ver con claridad, o nada en absoluto, y utilizan otros sentidos, tales como el oído y el tacto para abrirse camino y vivir como los demás.

¡Vista de abejorro!

Si tus ojos fuesen como los del abejorrro serían enormes y cubrirían casi toda tu cabeza, ¡y estarían formados por cientos de pequeñas unidades! Los ojos de los abejorros pueden ver la luz ultravioleta, cosa que no hacen los nuestros, de modo que distinguen en el cielo dónde está el sol, incluso en un día nublado. Pero la vista general sería borrosa y veríamos muy pocos colores y detalles.

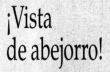

1 Los rayos del sol entran en el ojo a través de la córnea cóncava y transparente que tiene delante, y que los curva y enfoca en parte.

2 El iris es una lámina de músculos que se contrae para cambiar la medida del agujero del centro: la pupila.

3 Los rayos de luz penetran por la pupila que se contrae en situaciones de gran resplandor, para prevenir las lesiones oculares.

4 El cristalino curva los rayos de luz para enfocar la imagen invertida en la retina.

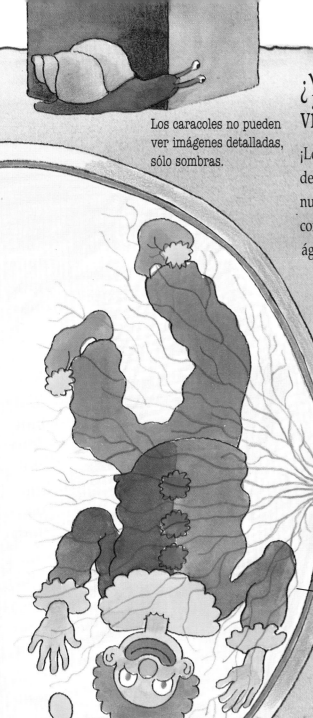

Los caracoles no pueden ver imágenes detalladas, sólo sombras.

¿Y si tuviéramos vista de águila?

¡Lo más aproximado a esta clase de vista son los prismáticos! Con nuestros propios ojos no podemos ver con detalle las cosas lejanas, como un águila. Esta ave rapaz puede distinguir un conejo a 5 kms. de distancia, mientras que tú tendrías suerte si lo vieras a 1 kilómetro. Pero el águila, por el contrario, tal vez no tenga tan buena vista general de los alrededores para ver bien toda su área visual como nosotros.

5 La retina es una fina película de 130 millones de células sensibles a la luz (conos y bastones) que transforman los rayos de luz en señales nerviosas.

6 Las señales nerviosas pasan de la retina al nervio óptico y luego al cerebro para su clasificación y análisis.

Los ojos del gato

Ningún animal puede ver en la oscuridad total. Pero los ojos del gato son muy sensibles, de modo que pueden ver cinco veces más en la oscuridad que nosotros. Sus ojos normalmente rasgados se abren mucho para dejar que entre toda la luz posible. También tienen una pantalla semejante a un espejo detrás de la retina, el tapetum, que refleja la luz. Esto da a la retina doble oportunidad para detectar los rayos. ¡Y también por eso los ojos del gato brillan en la oscuridad!

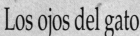

Bastón

Cono

¿QUÉ OCURRIRÍA SI OYÉRAMOS COMO LOS MURCIÉLAGOS?

Por la noche oiríamos muchos ruidos producidos por otros murciélagos que se mueven en la oscuridad y que utilizan un sonido pulsante y la procedencia del eco (sonar) para localizar objetos. Normalmente no oímos los sonidos del murciélago porque son ultrasonidos (demasiado agudos para nosotros).

Nervio coclear
(señales oídas)

Nervio vestibular
(señales de equilibrio)

Los canales semi-circulares detectan el equilibrio.

2 Las ondas sonoras entran por el conducto de la oreja y chocan contra el tímpano flexible del fondo haciéndole vibrar.

Tímpano

Yunque

Estribo

Martillo

3 Las vibraciones pasan del tímpano al caracol, a través de una serie de tres huesos diminutos, martillo, yunque y estribo.

4 Las vibraciones pasan al interior del caracol, y sacuden unos pelos diminutos que envían señales nerviosas al cerebro.

Trompa de Eustaquio

¿Oímos tan bien como una lechuza?

El oído de cada animal se adapta a su estilo de vida. Por ejemplo, las orejas de la lechuza están bajas y a los lados de su cabeza, tapadas por plumas. Son increíblemente sensibles a los ruidos más ligeros en la quietud de la noche. La lechuza puede precisar la posición de un ratón durante el vuelo, mientras se abalanza para cazarlo.

24

1 Las ondas sonoras son vibraciones de las moléculas del aire. Dichas vibraciones se expanden en círculos como ondas en un estanque.

¡Con la oreja pegada al suelo!

Las orejas de los humanos están situadas cerca de los otros órganos principales, ojos, nariz y lengua, en la cabeza. Algunos insectos tienen membranas en otras partes de su cuerpo como tímpanos. Por ejemplo, el saltamontes oye el canto de sus vecinos con las orejas que tiene ¡en las rodillas!

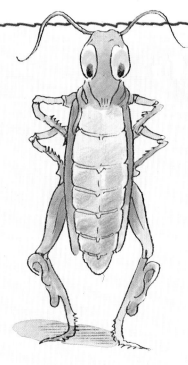

¡Hay que mantener el equilibrio!

Tú sabes que estás erguido en parte debido al sentido del equilibrio. Los canales semicirculares, en el fondo de nuestros oídos, están llenos de un fluido y de células sensibles con micropelos en su interior. Éstos detectan la posición y cualquier movimiento de la cabeza. Así sabes si estás de pie, en que dirección te mueves y lo deprisa que vas. Tus ojos también pueden ver el suelo, el cielo, las paredes, las puertas y los árboles. Todos esto te ayuda a mantener el equilibrio; de lo contrario te tambalearías y caerías.

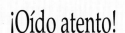

¡Oído atento!

Muchos animales, entre ellos billones de gusanos en la tierra y las estrellas de mar, carecen de orejas y, no obstante, sobreviven muy bien. Los gusanos no pueden oír el batir de las olas, pero sí sentir las vibraciones del suelo. Los animales acuáticos, como las estrellas de mar, tampoco necesitan detectar el sonido de las olas transmitido por el aire. Sin embargo, muchos tienen órganos sensibles para detectar vibraciones, ondas y corrientes de agua.

¿QUÉ OCURRIRÍA SI NO TUVIÉRAMOS DOS SEXOS?

¡La especie humana pronto se extinguiría! Si una criatura extraterrestre viniera a la Tierra, observaría que hay dos variantes principales, o sexos, de la especie humana: masculino y femenino. Ocurre lo mismo en la mayoría de animales, desde las ballenas a los peces, y de las águilas a las hormigas. El macho y la hembra se unen (utilizan el sexo) para reproducirse (tener crías). Algunos animales, especialmente los microscópicos, pueden reproducirse sin unirse. Se dividen en dos partes (derecha). Ésta es una reproducción asexuada.

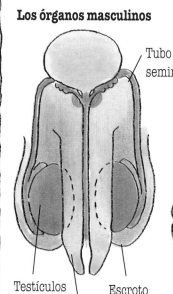

Magnetismo animal

En algunos animales, tales como las ranas y los peces, los machos y las hembras tienen el mismo aspecto, pero sólo para nosotros. Los propios animales saben diferenciar su sexo. Algunas veces es por el comportamiento: el macho o la hembra ejecutan una danza de cortejo o adoptan una determinada postura. Pueden emitir distintos sonidos o cantos. Incluso los aromas y olores que emanan pueden ser diferentes.

El cuerpo masculino

Por termino medio, el hombre adulto es más alto, más fuerte y más velludo que la mujer. Tiene los hombros anchos, caderas estrechas, voz más grave y la cara cubierta de pelo. Pero hay muchas variaciones.

Los órganos masculinos

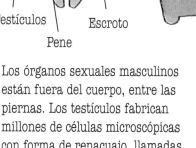

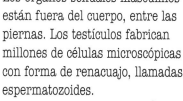

Tubo seminífero

Esperma

Testículos

Pene

Escroto

Los órganos sexuales masculinos están fuera del cuerpo, entre las piernas. Los testículos fabrican millones de células microscópicas con forma de renacuajo, llamadas espermatozoides.

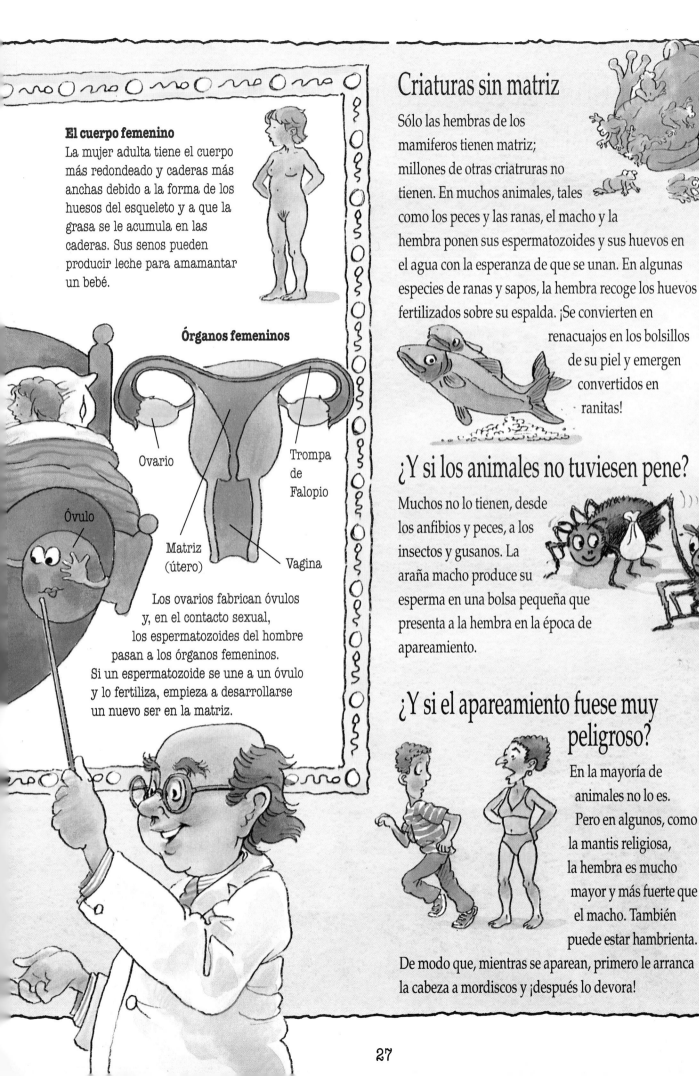

El cuerpo femenino

La mujer adulta tiene el cuerpo más redondeado y caderas más anchas debido a la forma de los huesos del esqueleto y a que la grasa se le acumula en las caderas. Sus senos pueden producir leche para amamantar un bebé.

Órganos femeninos

Ovario

Trompa de Falopio

Óvulo

Matriz (útero)

Vagina

Los ovarios fabrican óvulos y, en el contacto sexual, los espermatozoides del hombre pasan a los órganos femeninos. Si un espermatozoide se une a un óvulo y lo fertiliza, empieza a desarrollarse un nuevo ser en la matriz.

Criaturas sin matriz

Sólo las hembras de los mamiferos tienen matriz; millones de otras criatruras no tienen. En muchos animales, tales como los peces y las ranas, el macho y la hembra ponen sus espermatozoides y sus huevos en el agua con la esperanza de que se unan. En algunas especies de ranas y sapos, la hembra recoge los huevos fertilizados sobre su espalda. ¡Se convierten en renacuajos en los bolsillos de su piel y emergen convertidos en ranitas!

¿Y si los animales no tuviesen pene?

Muchos no lo tienen, desde los anfibios y peces, a los insectos y gusanos. La araña macho produce su esperma en una bolsa pequeña que presenta a la hembra en la época de apareamiento.

¿Y si el apareamiento fuese muy peligroso?

En la mayoría de animales no lo es. Pero en algunos, como la mantis religiosa, la hembra es mucho mayor y más fuerte que el macho. También puede estar hambrienta. De modo que, mientras se aparean, primero le arranca la cabeza a mordiscos y ¡después lo devora!

¿QUÉ OCURRIRÍA SI CRECIÉRAMOS TANTO COMO LAS BALLENAS?

Espermatozoide y óvulo

En vez de necesitar nueve meses para crecer en la matriz de nuestra madre, ¡estaríamos sólo un día! A los dos meses antes de nacer, el bebé humano pesa unos 2 kilos. En el mismo tiempo, una cría de ballena en el vientre de su madre pesa 2 toneladas, ¡o sea mil veces más! El tiempo que el bebé permanece en el útero materno se llama embarazo. El mayor desarrollo de las partes y órganos del cuerpo humano tiene lugar al principio, durante los dos primeros meses del embarazo, cuando el feto apenas mide 25 milímetros de largo.

El feto al mes y medio

El feto a los dos meses y medio

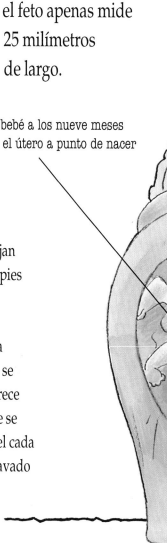

El feto a los seis meses y medio

El bebé a los nueve meses en el útero a punto de nacer

El siempre cambiante cuerpo humano

Algunas partes del cuerpo humano nunca dejan de crecer. El pelo, las uñas de las manos y los pies crecen toda la vida, aunque algunos cabellos pueden caer en los últimos años. Tienes que

cortarte el pelo y las uñas para que no crezcan demasiado y se ensucien. Tu piel también crece constantemente, puesto que se eliminan unos 5 kilos de piel cada año por el movimiento, el lavado y el roce con la ropa.

¿Qué sucede a medida que crecemos?

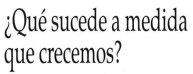

¡Cantidad de cosas excitantes!
Aprendes a reír, a llorar, a sonreír,
a moverte, a coger cosas, a gatear, a
mantenerte en pie, a andar, a dibujar, leer
y escribir, a jugar y a estudiar geografía, mates, ciencias
e historia. Claro que las personas son distintas. Algunas valen
más para ciertas cosas, como el deporte. Otras no. A medida que creces
también aprendes normas y leyes, a comportarte debidamente y a no causar
problemas, a comer bien, a ser limpio, a hacer muchos amigos, pero no
enemigos. Muchas personas encuentran a su pareja y tienen hijos propios.

Muchos encuentran trabajo. ¡Los ancianos
pueden descansar o permanecer activos y
ocupados! Todo el mundo tiene problemas
y dolores de cabeza de vez en cuando.
Forma parte de la vida.

¿Cuánto tiempo podemos vivir?

El término medio de vida en la mayoría
de países de occidente gira alrededor de 70-80 años.
En general las mujeres viven de 3 a 5 años más que los
hombres. Hay pocas personas que pasen de los 100 años. Pero, en su mayor
parte, lo que vivas y lo que acumules durante esos años es cosa tuya. Los
humanos viven mucho tiempo comparados con la mayoría de animales.
Algunos insectos, como las moscas, nacen, crecen, se aparean y mueren
en 20 días. No obstante, algunos reptiles enormes, como las
tortugas gigantes, pueden vivir hasta más de 120 años.

El canguro nace
pronto. Pasa la mayor
parte de su
desarrollo no
en el útero de su
madre, sino en
su bolsa.

29

SISTEMAS DEL CUERPO HUMANO

Cerebro

Cráneo

Temporal

Clavícula

Deltoides

Ojo

Vértebras cervicales
(huesos del cuello)

Pectoral

Bíceps

Costillas

Pelvis
(hueso
de la
cadera)

Flexor

Fémur
(hueso
del muslo

Glándulas
suprarrenales

Tríceps
femoral

Tibia (hueso
de la
pantorrilla)

Tibial
anterior

Páncreas

Médula espinal

Tarsos (huesos
del tobillo)

Gemelos

El esqueleto

206 huesos forman un armazón
rígido movido por los músculos
y protegen las partes blandas
como el cerebro.

Músculos

640 músculos tiran de los huesos
para que puedas moverte. Los
músculos pesan dos quintas partes
del peso total de todo el cuerpo.

Nervios, sentidos y glándulas

Los nervios y las glándulas
controlan los sistemas del cuerpo
humano, utilizando mensajes
químicos o bien eléctricos.

Vena yugular

Aorta (arteria principal)

Corazón

Tráquea

Glándulas salivares

Hígado

Esófago

Pulmones

Riñones

Uréter

Arteria y vena femoral

Estómago

Intestino grueso

Vejiga de la orina

Ano

Intestino delgado

Circulación

El sistema cardiovascular hace circular la sangre a través de los vasos sanguíneos bombeándola con el corazón. La sangre reparte el oxígeno y los nutrientes, y recoge los productos que el cuerpo desecha.

Respiración y Excreción

Al respirar, los pulmones absorben el oxígeno del aire y se deshacen del dióxido de carbono que hay en él. Los riñones se deshacen de los residuos filtrándolos de la sangre para formar la orina.

Digestión

La boca, esófago, estómago e intestinos trituran los alimentos y absorben los nutrientes para el cuerpo. El páncreas produce jugos digestivos, y el hígado procesa y almacena los nutrientes.

ÍNDICE

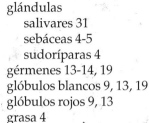